T/HBTS 02—2024

目　次

前言 ··· Ⅲ
引言 ··· Ⅳ
1 范围 ··· 1
2 规范性引用文件 ··· 1
3 术语和定义 ··· 1
4 基本规定 ·· 2
5 制桩 ··· 3
　5.1 材料 ·· 3
　5.2 参数 ·· 3
　5.3 制桩 ·· 3
6 设计 ··· 4
　6.1 一般规定 ·· 4
　6.2 承载力计算 ··· 5
　6.3 变形计算 ·· 6
　6.4 稳定性分析 ··· 8
7 施工 ··· 8
　7.1 施工准备 ·· 8
　7.2 施工工艺 ·· 9
　7.3 施工质量控制 ··· 11
8 检验、监测与验收 ··· 11
　8.1 桩身质量检验 ··· 11
　8.2 单桩与复合地基检验 ·· 12
　8.3 监测 ··· 12
　8.4 验收 ··· 12
附录 A（规范性） 预制渣土固化桩几何尺寸和桩身力学性能 ··· 14
附录 B（规范性） 预制渣土固化桩水稳定性试验要点 ··· 16

Ⅰ

前 言

本文件按照 GB/T 1.1—2020《标准化工作导则 第 1 部分：标准化文件的结构和起草规则》的规定起草。

请注意本文件的某些内容可能涉及专利。本文件的发布机构不承担识别专利的责任。

本文件由湖北省交通规划设计院股份有限公司提出。

本文件由湖北省公路学会归口。

本文件起草单位：湖北省交通规划设计院股份有限公司、中国科学院武汉岩土力学研究所、山东大学、湖北交投京港澳高速公路改扩建项目管理有限公司、武汉综合交通研究院有限公司、山东省路桥集团有限公司、武汉科地美科技有限公司、武汉中力岩土工程有限公司。

本文件主要起草人：颜廷舟、区桦、崩建平、李剑、常英、雷美清、胡衍旺、张乾青、崔伟、张徐、姜海光、陈齐宣、何志高、李红涛、杨吉红、褚晨枫、丁亮、陈伟、肖凯、吴士乾、戴也、褚为、杨兴、吴陆军、邓宏、徐茂、欧阳小龙、曾玲。

本文件主要审查人员：孙云志、杨运娥、刘毅学、张家铭、胡国祥、姜燕平、叶亦盛。

本文件实施应用中的疑问，可咨询湖北省公路学会，联系电话：027－83461637；邮箱：421378854@qq.com。对本文件的修改意见请反馈至湖北省交通规划设计院股份有限公司，联系电话：027－84885572；邮箱：HBJTKJ2003@163.com。

引 言

工程渣土回收是发展循环经济的一个重要环节。工程渣土作为一种潜在资源，对其进行处理再利用已经是国家固体废弃物处理研究的重点。"十四五"时期，"无废城市"这一理念已在全国试点推广。在我国城市地下空间开发、高速公路新建及改扩建等工程建设中，将产生大量需要处置的工程渣土。在环境保护日益重要与国家政策强力扶持的大背景下，开展工程渣土处理资源化利用，具有重要的工程应用价值。

国内现行标准中尚缺乏预制渣土固化桩设计与施工等相关的技术规范。本文件规定了预制渣土固化桩复合地基的制桩、设计、施工和质量检验、监测与验收方法。预制渣土固化桩是通过对工程渣土进行粉碎等预处理后，掺入骨料、固化剂、水等经高压固化成型的一种新型预制桩。预制渣土固化桩复合地基是由预制渣土固化桩增强体和桩间土组成的共同承担荷载的人工地基，可用于各类软弱地基处理。

为适应新时期绿色建设发展的需要，提高预制渣土固化桩复合地基设计与施工技术水平，保证工程质量，在现行国家和行业标准规范的基础上，结合湖北省的区域地质特点，编制《公路工程预制渣土固化桩复合地基技术规程》，有利于减少固废排放、提升地基使用品质、降低工程造价，对于规范预制渣土固化桩复合地基的工程应用具有重要意义。

T/HBTS 02—2024

公路工程预制渣土固化桩复合地基技术规程

1 范围

本文件规定了预制渣土固化桩复合地基的制桩、设计、施工和质量检验、监测与验收方法。

本文件适用于湖北省各等级公路新建、改（扩）建工程软土地基处理。铁路、市政、房建等工程软土地基处理可根据工程特点参照本文件执行。

2 规范性引用文件

下列文件中的内容通过本文件的规范性引用而构成本文件必不可少的条款。其中，注日期的引用文件，仅该日期对应的版本适用于本文件；不注日期的引用文件，其最新版本（包括所有的修改单）适用于本文件。

GB 50007 建筑地基基础设计规范
GB/T 50123 土工试验方法标准
GB/T 50266 工程岩体试验方法标准
GB/T 50783 复合地基技术规范
JTG/T D31-02 公路软土地基路堤设计与施工技术细则

3 术语和定义

下列术语和定义适用于本文件。

3.1

渣土 waste soil

工程施工活动中产生的废弃土壤、砂砾、碎石等。

3.2

拌合料 mixture

经破碎、筛分的渣土与骨料、固化剂、水按一定质量比充分拌和的混合物。

3.3

预制渣土固化单节桩 single precast solidified waste soil pile

拌合料通过专用设备高压压制成型并经养生形成的具有一定长度和强度的桩体单元。

3.4

预制渣土固化桩 precast solidified waste soil pile

将预制渣土固化单节桩逐节压入地基土中连接形成整体的基桩。

3.5

预制渣土固化桩复合地基 composite foundation of precast solidified waste soil pile

由预制渣土固化桩和桩间土组成的共同承担荷载的人工地基。

3.6

常规养生 routine maintenance

预制渣土固化单节桩脱模成型后,在环境温度 5 ℃～50 ℃、湿度不小于 80％、时间 14 d～28 d 条件下的自然养生。

3.7

水稳定性系数 water stability coefficient

预制渣土固化桩桩身钻芯取样试块在浸水条件下的抗压强度与常规存放条件下的抗压强度之比。

3.8

化学固化 chemical solidifying

拌合料在养生期发生的水化反应等固化作用。

4 基本规定

4.1 预制渣土固化桩适用于处理淤泥、淤泥质土、填土、黏性土、粉土、砂土等软弱土地基或需进行加固补强处理的地基。

4.2 预制渣土固化桩复合地基设计与施工前,应进行工程地质勘察,查明各土层的类型及空间分布特征、主要物理力学性质、相关岩土工程设计参数等。

4.3 预制渣土固化桩复合地基遇有下列情况时,应通过现场试验确定其适用性:
    a) 含有较多块石、漂石、难以穿透的坚硬层或其他地下障碍物;
    b) 桩长超过 30 m。

4.4 预制渣土固化桩的几何尺寸和桩身力学性能应符合本文件附录 A 的规定。

4.5 预制渣土固化桩应具有良好的稳定性及适应性,其 28 d 水稳定性系数不应低于 0.95,水稳定性系数的试验方法应符合本文件附录 B 的规定。

条文说明

    实验室做了大量的桩体水稳定性、温度交替变化稳定性、体积伸缩性等试验。试验表明,预制渣土固化桩桩体具有较好的水稳定性、温度交替变化稳定性,且地面以下温度、湿度等环境因素较地表更为稳定。综上所述,预制渣土固化桩桩体压入地下后可以有效发挥工程性能。

4.6 预制渣土固化桩复合地基施工前,应在有代表性的场地上进行现场试验,以确定桩长、桩间距、压桩力等设计施工参数并验证处理效果。

4.7 预制渣土固化桩复合地基施工前应进行预制渣土固化桩产品的进场检验,施工过程中以及施工完成后,应按现行有关标准的规定进行检验和验收。

5 制桩

5.1 材料

5.1.1 预制渣土固化桩制桩拌合料由经破碎、筛分的渣土与骨料、固化剂、水组成。

5.1.2 预制渣土固化桩应进行配合比设计和试验,确定拌合料的质量比,以达到所需的强度及水稳定性指标。

5.1.3 破碎、筛分后的渣土粒径应小于 5 mm 且有机质含量不大于 5%,应避免使用含放射性、含强酸强碱、受重金属或有机质污染以及含氯盐等腐蚀性的渣土。

条文说明

土源具有放射性、富含强酸强碱物质、受重金属或有机质污染,且具有腐蚀性,通过破碎、筛分、拌和等工艺无法对其进行改性,一经采用,不但会影响预制桩身质量,其形成的桩体本身也将被视为污染物,禁止用于各类工程。故以上土源不得用作预制渣土固化桩桩体材料。

工程实践中,从土源的选取阶段即可有效地控制以上土源不被用于制桩使用,故本条文仅对土源选取进行原则性要求。

5.1.4 骨料宜采用粒径小于 10 mm 的砾石,含泥量应不大于 1%,骨料原岩饱和单轴抗压强度不小于 40 MPa。

5.1.5 固化剂可采用硅酸盐水泥、烧碱、EDTA 二钠、树脂等材料。

5.1.6 拌合用水应满足以下要求:pH≥5.0;不溶物≤2 g/L;可溶物≤2 g/L;氯化物≤0.5 g/L;硫酸盐≤0.6 g/L;碱含量≤1.5 g/L。

5.2 参数

预制渣土固化桩应符合下列规定:
a) 预制渣土固化单节桩为圆柱体或方柱体实心桩体;
b) 预制渣土固化单节桩桩长宜为 2.0 m~5.0 m;
c) 预制渣土固化桩桩身密度不小于 1.9 g/cm³;
d) 预制渣土固化桩试块抗压强度不小于 5 MPa;
e) 预制渣土固化桩桩身压缩模量不小于 200 MPa。

5.3 制桩

5.3.1 预制渣土固化单节桩经物理挤压和化学固化成桩。

条文说明

预制渣土固化单节桩是将拌合料送入专用高压设备内，缓慢挤压将松散拌合料中的空气排出而形成早期物理挤压强度，经过后期固化剂水化反应，最终形成高密度的预制渣土单节固化桩。它主要由早期物理挤压强度与后期固化剂水化反应固结而成。预制渣土单节固化桩是强度和刚度介于柔性桩（砂桩、碎石桩等）和刚性桩（管桩、混凝土桩）间的一种半刚性桩。

5.3.2 配料机按设计配合比将破碎、筛分后的渣土与骨料、固化剂、水拌和均匀，送入制桩机压制成型。

5.3.3 拌合料在压制过程中，压桩模具内截面压力不宜小于 25 MPa。

条文说明

制桩机需要在固化剂尚未发挥水化反应的极短时间内，将散状拌合料压制成为稳定成型、密度较高、有一定强度并可满足工厂内转运条件的成型桩段。其原理是尽可能地排出拌合料三相中的空气，进而发挥原材料中黏性土的内聚力以及骨料的嵌固作用。

单节桩工厂生产过程中已验证：截面压力的大小与桩身密度、强度呈正相关。在截面压力低于 25 MPa 时，单节桩段在压制生产过程中易产生桩段两端压密但中部未充分密实的情况，进而影响产品质量。因此，截面压力不宜小于 25 MPa。

5.3.4 脱模成型的桩应及时套保水膜密封，存放于工厂养生区常规养生。

条文说明

养生时，桩身可竖立堆放，每节桩间距不应小于 500 mm，每 200 节桩为一方阵，方阵间间距不应小于 3.5 m。养生场地地面平整度要求小于 1.5‰。

实验室对试样养生温度-抗压强度进行了多组对比试验，样品制备采用重型击实法。不同温度条件下（其他如环境湿度等相同）试样强度增长速率试验结果表明：试件养生温度越高，强度增长越快，试验数据规律一致，套保水膜密封养生有利于提升桩体强度。

6 设计

6.1 一般规定

6.1.1 预制渣土固化桩复合地基应根据公路等级与上部荷载确定地基承载力、变形及稳定性。

6.1.2 预制渣土固化桩复合地基设计前，应进行下列工作：
 a) 收集公路沿线气象、水文、地形地貌、地质等资料，调查施工条件；
 b) 开展施工范围地质勘察工作，查明软土地基岩土性质、空间分布特征及有关物理力学参数。

6.1.3 预制渣土固化桩复合地基桩间距应根据复合地基承载力及沉降控制要求、桩间土及布桩形式等因素计算确定，桩间距宜为 3.5～6.0 倍桩身截面直径或边长。

6.1.4 预制渣土固化桩复合地基桩顶应设置褥垫层，并符合下列规定：

a) 褥垫层材料宜为粗砂、砂砾、碎石等,最大粒径不宜大于 30 mm;
b) 褥垫层厚度宜为 30 cm～50 cm,桩间距大时取大值。

6.1.5 预制渣土固化桩复合地基桩间距超过 5 倍桩身截面直径或边长时,宜在褥垫层中设置土工格栅或加设桩帽,桩顶到路床顶的净距不宜小于 1.5 m。

6.2 承载力计算

6.2.1 预制渣土固化桩复合地基承载力特征值应通过复合地基竖向抗压载荷试验,或通过桩体竖向抗压载荷试验与桩间土地基竖向抗压载荷试验,并结合经验综合确定。初步设计时,复合地基承载力特征值也可按下列公式估算:

$$f_{spk}=\beta_p m \frac{R_a}{A_p}+\beta_s(1-m)f_{sk} \quad\cdots\cdots\cdots\cdots\cdots\cdots (1)$$

$$m=d^2/d_e^2 \quad\cdots\cdots\cdots\cdots\cdots\cdots (2)$$

式中:

f_{spk} ——复合地基承载力特征值(kPa);

β_p ——桩体竖向抗压承载力修正系数,宜综合复合地基中桩体实际竖向抗压承载力和复合地基破坏时桩体的竖向抗压承载力发挥度、垫层材料及厚度,结合工程经验取值;在没有地方经验值的情况下,建议取值范围 0.9～1.0;

β_s ——桩间土地基承载力修正系数,宜综合复合地基中桩间土地基实际承载力和复合地基破坏时桩间土地基承载力发挥度、垫层材料及厚度,结合工程经验取值;在没有地方经验值的情况下,建议取值范围 0.8～1.0;

m ——面积置换率,仅对单个独立基础进行处理或处理面积较小时,面积置换率等于基底范围内桩总面积除以基底面积;大面积处理时,可按式(2)进行计算,其中 d 为圆柱体预制渣土固化桩桩身直径(m),当采用方柱体预制渣土固化桩时,可按等效圆直径 $d=1.13b$ 进行计算,d_e 为单桩分担的处理地基面积的等效圆直径(m),等边三角形布桩 $d_e=1.05s_p$,正方形布桩 $d_e=1.13s_p$,s_p 为桩间距;

R_a ——单桩竖向抗压承载力特征值(kN);

A_p ——单桩的截面积(m²);

f_{sk} ——处理后桩间土承载力特征值(kPa),应按地区经验确定,无地区经验时可取天然地基承载力特征值。

6.2.2 经处理后的复合地基承载力的基础宽度承载力修正系数应取 0,基础埋深的承载力修正系数应取 1.0。修正后的复合地基承载力特征值应按下式计算:

$$f_{spa}=f_{spk}+\gamma_m(D-0.5) \quad\cdots\cdots\cdots\cdots\cdots\cdots (3)$$

式中:

f_{spa} ——深宽修正后的复合地基承载力特征值(kPa);

f_{spk} ——复合地基承载力特征值(kPa);

γ_m ——基层底面以上土的加权平均重度(kN/m³),地下水位以下取浮重度;

D ——基础埋置深度(m),在填方整平地区,可自填土地面标高算起,但填土在上部结构施工完成后进行时,应从天然地面标高算起。

6.2.3 单桩竖向抗压承载力特征值应通过现场载荷试验确定。初步设计时,可按下式估算:

$$R_a=u_p\sum_{i=1}^n q_{s_i}l_i+\alpha q_p A_p \quad\cdots\cdots\cdots\cdots\cdots\cdots (4)$$

式中：
R_a ——单桩竖向抗压承载力特征值(kN)；
u_p ——桩的截面周长(m)；
n ——桩长范围内所划分的土层数；
q_{s_i} ——第 i 层土的桩侧摩阻力特征值(kPa)，根据当地静载荷试验结果取值，或根据场地静力触探试验结果，按现行行业标准取值；
l_i ——桩长范围内第 i 层土的厚度；
α ——桩端土地基承载力折减系数，桩端位于持力层时可取 1.0；
q_p ——桩端端阻力特征值(kPa)，取未经深度修正的地基承载力特征值；
A_p ——单桩的截面积(m^2)。

6.2.4 预制渣土固化桩桩身强度应满足下式要求：

$$\eta A_p f_{cu} \geqslant \beta_p R_a \quad \cdots\cdots\cdots\cdots\cdots\cdots (5)$$

式中：
η ——桩体材料强度折减系数，可取 0.4～0.5；
A_p ——单桩的截面积(m^2)；
f_{cu} ——桩体材料试块(截面直径 50 mm、高 100 mm 圆柱体)抗压强度平均值(MPa)，按现有产品规格型号可取 5.0～15.0；
β_p ——桩体竖向抗压承载力修正系数，宜综合复合地基中桩体实际竖向抗压承载力和复合地基破坏时桩体的竖向抗压承载力发挥度、垫层材料及厚度，结合工程经验取值；在没有地方经验值的情况下，建议取值范围 0.9～1.0；
R_a ——单桩竖向抗压承载力特征值(kN)。

条文说明

为测试桩身抗压强度，同时检验工厂制桩设备性能及工厂化生产工艺流程的稳定性，对 2023 年 2 月 26 日至 2023 年 3 月 2 日连续 5 日的 PSS(D)426-C 型桩产品进行了批量桩身钻芯取样并测定单桩抗压强度试验，实验室测得试块平均强度分别为 10.41 MPa、11.47 MPa、11.59 MPa、11.03 MPa 和 12.38 MPa。总体上，看所有样品实测的单桩抗压强度接近，且均满足设计要求，表明工厂生产设备及工艺流程均较为稳定。

6.2.5 复合地基处理范围以下存在软弱下卧层时，下卧层承载力应按下式验算：

$$p_z + p_{cz} \leqslant f_{az} \quad \cdots\cdots\cdots\cdots\cdots\cdots (6)$$

式中：
p_z ——软弱下卧层顶面处的附加压力值(kPa)，应按 JTG/T D31-02 中应力扩散角的有关规定进行计算；
p_{cz} ——软弱下卧层顶面处地基土的自重压力值(kPa)；
f_{az} ——软弱下卧层顶面处经深度修正后的地基承载力特征值(kPa)，应按 GB 50007 中地基承载力深宽修正的有关规定进行计算。

6.3 变形计算

6.3.1 预制渣土固化桩复合地基变形计算方法应采用分层总和法，地基变形计算深度应大于复合地基土层的深度。沉降计算深度应按附加应力小于或等于0.15倍土层有效自重应力进行控制。

6.3.2 预制渣土固化桩复合地基的沉降变形(s)由褥垫层压缩变形(s_1)、预制渣土固化桩复合桩加固土层的压缩变形(s_2)和加固区下卧土层压缩变形(s_3)组成。当褥垫层压缩变形小,且在施工期已基本完成时,可忽略不计。预制渣土固化桩复合地基的沉降变形可按下式计算:

$$s = s_1 + s_2 + s_3 \quad \cdots\cdots\cdots\cdots\cdots\cdots\cdots\cdots\cdots\cdots (7)$$

式中:

s ——预制渣土固化桩复合地基的沉降变形(mm);

s_1 ——褥垫层压缩变形(mm);

s_2 ——预制渣土固化桩复合桩加固土层的压缩变形(mm);

s_3 ——预制渣土固化桩复合桩加固区下卧土层压缩变形(mm)。

6.3.3 预制渣土固化桩加固土层的压缩变形(s_2)可按下列公式计算:

$$s_2 = \psi_{s_2} \sum_{i=1}^{n} \frac{\Delta p_i}{E_{sp_i}} l_i \quad \cdots\cdots\cdots\cdots\cdots\cdots (8)$$

$$E_{sp_i} = mE_{pi} + (1-m)E_{s_i} \quad \cdots\cdots\cdots\cdots\cdots\cdots (9)$$

式中:

ψ_{s_2} ——预制渣土固化桩加固土层压缩变形的计算经验系数,根据复合地基类型、地区实测资料及经验确定,在没有地方经验值的情况下,可按现行GB 50007执行;

Δp_i ——第i层土的平均附加应力增量(kPa);

E_{sp_i} ——第i层桩土复合体的压缩模量(MPa);

E_{p_i} ——第i层桩体的压缩模量(MPa),根据试验确定,初步设计时可取200MPa;

E_{s_i} ——基础底面下第i层土的压缩模量(MPa),宜按当地经验取值,如无经验,可取天然地基的压缩模量;

m ——面积置换率;

l_i ——桩长范围内第i层土的厚度(m)。

条文说明

桩体压缩模量的取值,是通过对常规养生条件下的单节桩进行钻芯法取样后送至岩石加工实验室,使用专用设备对钻芯样进行线切割加工,并委托第三方进行了单轴压缩变形试验及三轴压缩强度试验检测取得的。试块制备遵照GB/T 50266及GB/T 50123执行,检测取得的压缩模量均高于200 MPa。

6.3.4 预制渣土固化桩加固区下卧土层的压缩变形(s_3)可按下式计算:

$$s_3 = \psi_{s_3} \sum_{i=1}^{n} \frac{\Delta p_i}{E_{s_i}} l_i \quad \cdots\cdots\cdots\cdots\cdots\cdots (10)$$

式中:

ψ_{s_3} ——预制渣土固化桩加固区下卧土层压缩变形的计算经验系数,根据复合地基类型、地区实测资料及经验确定,在没有地方经验值的情况下,可按现行GB 50007执行;

Δp_i ——加固区下卧土层第i层土的平均附加应力增量(kPa);

E_{s_i} ——加固区下卧土层第i层土的压缩模量(MPa);

l_i ——加固区下卧土层第i层土的厚度(m)。

6.3.5 对预制渣土固化桩复合地基,作用在复合地基加固区下卧层顶部的附加压力可根据桩土模量比大小,采用等效实体法或压力扩散法计算。

6.4 稳定性分析

6.4.1 在复合地基稳定性分析中,所采用的稳定分析方法、计算参数的测定方法和稳定安全系数取值应相互匹配。

6.4.2 复合地基稳定分析可采用圆弧滑动总应力法进行分析。稳定安全系数应按下式计算:

$$K = T_s / T_t \quad \cdots\cdots\cdots\cdots\cdots\cdots (11)$$

式中:
T_s——荷载效应标准组合时最危险滑动面上的总剪切力(kN);
T_t——最危险滑动面上的总抗剪切力(kN);
K——稳定安全系数,应按 JTG/T D31-02 执行。

6.4.3 采用圆弧滑动法计算总抗剪切力时,滑动面上的抗剪强度采用桩土复合抗剪强度,复合地基抗剪强度指标按下式确定:

$$\begin{aligned} c_{sp} &= mc_p + (1-m)c_s \\ \varphi_{sp} &= m\varphi_p + (1-m)\varphi_s \end{aligned} \quad \cdots\cdots\cdots\cdots\cdots (12)$$

式中:
m ——面积置换率;
c_{sp} ——桩土复合体的内聚力(kPa);
c_p ——桩体的内聚力(kPa),根据试验确定,初步设计时可取 1 000 kPa;
c_s ——桩间土的内聚力(kPa);
φ_{sp} ——桩土复合体的内摩擦角(°);
φ_p ——桩体的内摩擦角(°),根据试验确定,初步设计时可取 15°;
φ_s ——桩间土的内摩擦角(°)。

6.4.4 复合地基竖向基桩应深入设计要求安全度对应的危险滑动面下至少 2 m,且总桩长不应大于 30 m。

7 施工

7.1 施工准备

7.1.1 施工前应做好下列准备工作:
    a) 收集并熟悉有关施工图、工程地质勘察报告、地下管线等周边环境资料;
    b) 编制施工组织设计;
    c) 核验预制渣土固化单节桩的产品合格证书及抽样送检报告;
    d) 开展设备调试及场区三通一平;
    e) 进行试桩并确定合理的施工工艺流程及参数;
    f) 开展桩位测量和放样;
    g) 进行场区安全和环保措施的检查。

7.1.2 施工前应平整场地并清除施工区地上和地下障碍物,设置预制渣土固化桩单节桩的堆放场地。施工场地宜采用叠层堆放,堆场地表承载力不宜低于 100 kPa,叠层堆放不宜超过 5 层。

7.1.3 预制渣土固化桩运输及堆放过程均应采取成品保护措施。
7.1.4 施工前应检查施工机械设备、各种起重机具及计量装置的完好程度,不达标的应及时修理或更换。

7.2 施工工艺

7.2.1 工程桩施工前应进行不少于 3 根的试沉桩,以检验沉桩机械选用的合理性,并确定沉桩控制参数。试沉桩压桩力不应大于单桩承载力特征值的 2 倍,超出时应停止沉桩。
7.2.2 预制渣土固化试沉桩应符合下列规定:
a) 试沉桩的规格型号、长度应与工程桩一致;
b) 试沉桩点应有地质勘探资料。
7.2.3 工程桩的施工机械条件应与试沉桩一致。
7.2.4 预制渣土固化桩的施工宜采用静力压桩机直接压入。
7.2.5 预制渣土固化桩应根据场地环境因素采取如下顺序施工:先中后边,先深后浅,先近后远。

条文说明

预制渣土固化桩应由路基中间向两侧施工,根据设计桩端埋深先深后浅施工,日临邻既有结构物处向对侧施工。合理安排施工顺序的目的在于防止施工过程中,对已施工的预制渣土固化桩产生侧向挤压作用,导致预制渣土固化桩出现弯曲或断裂等现象。

7.2.6 为保证预制渣土固化桩在施工过程中桩身的垂直度,宜配置压桩护筒,护筒内径比桩径或边长大 5 mm～8 mm。
7.2.7 在施工过程中宜配置专用的吊桩夹具,其结构主要由夹持板、力臂、起吊钢丝绳及锁定装置等组成(图 1)。

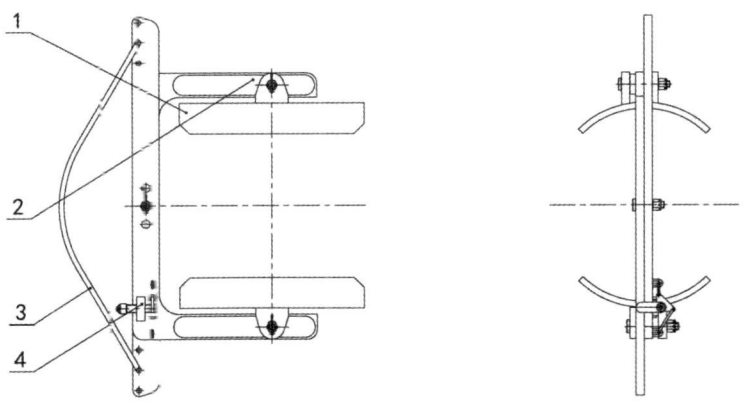

1.夹持板;2.力臂;3.起吊钢丝绳;4.锁定装置。

图 1 吊桩夹具示意图

7.2.8 预制渣土固化桩复合地基施工工序如下:
a) 预制渣土固化桩进场,根据施工方案合理堆放;
b) 按照施工顺序将施工设备移动至桩位,做好压桩前准备工作;

c) 压桩流程为:桩机对位调平→配置桩段并送桩→静力压桩→涂抹黏结剂……,通过压桩设备(图2)重复上述压桩工序至设计桩长→终孔、记录、移机作业下根桩;

d) 接桩,当前节桩压至底位时,应清洁桩顶,均匀涂抹黏结剂,涂抹厚度≥3 mm;后节桩对齐前节桩落下,压紧、稳固,直至完成接桩(图3)。

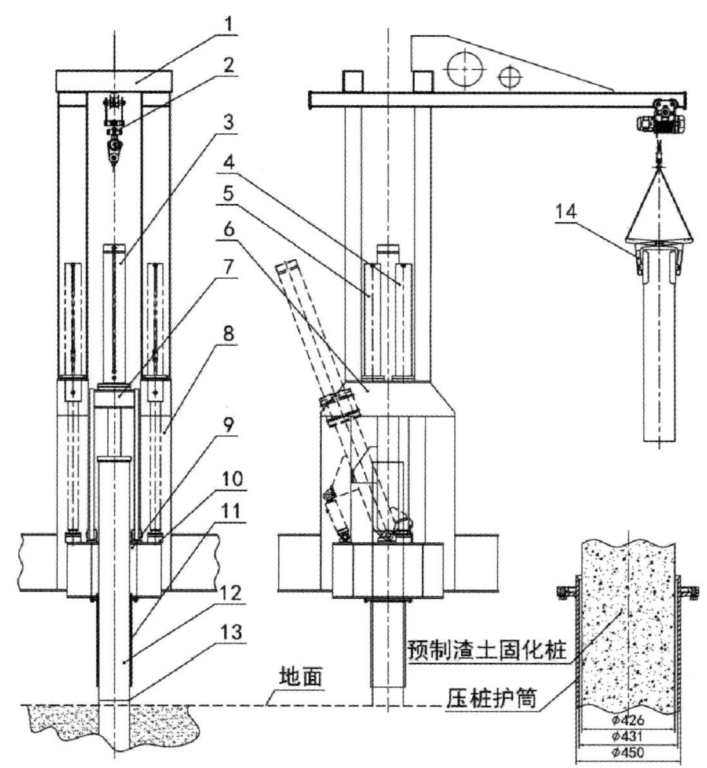

1.吊桩支架;2.电动葫芦;3.顶压油缸;4.主压油缸;5.副压油缸;6.压桩横梁;7.顶压支架;8.压桩立柱;9.夹桩箱;10.压桩球头;11.压桩护筒;12.桩段;13.黏结剂;14.吊桩夹具。

图 2　压桩设备示意图

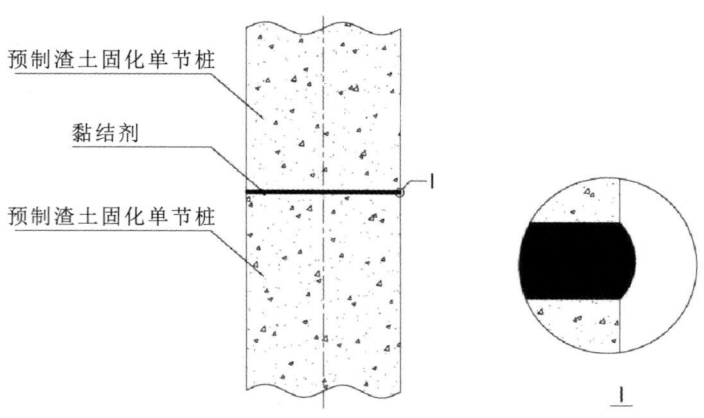

图 3　单节桩连接示意图

条文说明

场地表层如存在硬亮层或地下存在块石等障碍物时,应采取先钢制送桩器开孔、后压桩的流程施工。

7.2.9 接桩采用的黏结剂性能指标应符合下列规定：
   a) 初凝时间不宜小于 30 min,终凝时间不宜大于 60 min；
   b) 抗折强度不小于桩身强度且不小于 2 MPa；
   c) 抗压强度不小于桩身强度且不小于 20 MPa；
   d) 拉伸黏结强度不小于 1 MPa。

7.3 施工质量控制

7.3.1 施工前应检查压桩设备各项性能,确保桩机工作正常,检查桩位布置、施工顺序。

7.3.2 预制渣土固化桩配置桩段及送桩施工过程中应进行下列工作：
   a) 检查单节桩截面尺寸及表观质量；
   b) 检查预制渣土固化桩配桩总长度、节数,形成的基桩总桩长应满足设计桩长要求。

7.3.3 预制渣土固化桩单桩桩位施工允许偏差为桩径或边长的±40%,桩身的垂直度允许偏差为±1.0%。

7.3.4 静压沉桩法施工沉桩速度不宜大于 2 m/min。

7.3.5 预制渣土固化桩施工桩长以设计桩长与压桩力双控。

条文说明

施工桩长控制一般以设计桩长与压桩力双控为原则：施工桩长不小于设计桩长,达到设计桩长时压桩力不小于单桩承载力特征值。但当桩端未达到设计桩底标高,且压桩力已达到设计单桩承载力特征值的两倍时,可终止压桩；当桩端已达到设计桩底标高,但压桩力未达到设计单桩承载力特征值时,应反馈至设计单位进一步复核调整设计参数。

7.3.6 因地层异常造成的爆桩、断桩、偏位等情况,应查明桩基地质条件,当满足前款 4.1 条时,在原工程桩位两侧镜像位置进行补桩处理。

8 检验、监测与验收

8.1 桩身质量检验

8.1.1 预制渣土固化桩施工前,进场的预制渣土固化桩单节桩的质量检验包括外观质量检验、尺寸允许偏差检验、桩身抗压强度检验。

8.1.2 检验按每 5 000 m 为一批,不足 5 000 m 按一批进行,每批抽取 3 节预制渣土固化单节桩进行检验。

8.1.3 检查每节桩的外观质量,有较大裂隙、掉块等缺陷的预制桩应废弃。

条文说明

长度大于 10 cm 且深度大于 5 mm 的裂隙，或面积大于 25 cm² 的掉块，均可视为明显缺陷。

8.1.4 检查桩的截面尺寸、桩长，桩身的上、中、下 3 个位置点的测量截面尺寸与设计差值不大于 10 mm，桩长偏差不大于 50 mm。

8.1.5 检验桩身强度，每批抽取 3 节预制渣土固化单节桩进行钻芯取样，每节桩取样数量为 3 个，若有 1 个强度不达标，则判定为不合格。

8.2 单桩与复合地基检验

8.2.1 预制渣土固化桩施工完成后应进行单桩竖向承载力与复合地基承载力检验，并应符合 GB/T 50783 的规定。

条文说明

预制渣土固化桩的地基承载力检测，如在施工中存在明显挤土效应的，宜在施工结束后间隔一定时间进行，对于碎石土和砂土地基，间隔时间宜为 7 d～14 d；粉土和黏性土地基，间隔时间宜为 14 d～28 d。

8.2.2 预制渣土固化桩单桩和复合地基承载力可采用静载荷试验进行检验，内容包括单桩竖向承载力、复合地基承载力。

8.2.3 单桩抽检比例应为总桩数的 0.2%～0.5%，且不少于 3 根。复合地基检验数量根据地基面积按相关规范确定，检验数量不得少于 3 处。

8.3 监测

8.3.1 预制渣土固化桩复合地基施工期间应进行动态监测，根据工程情况、监测目的、监测要求等制定监测实施方案。

8.3.2 预制渣土固化桩复合地基施工期间宜进行以下监测项目，且应符合 JTG/T D31-02 的规定：
   a) 地表沉降；
   b) 地表水平位移；
   c) 地基深层水平位移。

8.4 验收

8.4.1 预制渣土固化桩分部工程合格质量标准应符合下列规定：
   a) 各分项工程满足质量标准；
   b) 质量控制资料和文件填写完整；
   c) 观感质量符合本文件相应合格质量标准的要求。

8.4.2 预制渣土固化桩复合地基的质量验收包括但不限于下列资料：
   a) 工程勘察报告、复合地基施工图、图纸会审纪要、设计变更单及材料代用通知单等；

b) 经审定的施工组织设计、施工方案及执行中的变更单；
c) 桩位测量放线图，包括工程桩位线复核签证单；
d) 原材料的质量合格证和质量鉴定书；
e) 预制渣土固化单节桩的质量检验报告；
f) 施工记录、桩位编号图、接桩隐蔽验收记录；
g) 桩顶标高、桩顶平面位置检验结果；
h) 成桩质量检查报告；
i) 单桩承载力检验报告；
j) 复合地基承载力检验报告；
k) 发生质量事故时的处理记录；
l) 其他必须提供的文件和记录。

附 录 A
（规范性）
预制渣土固化桩几何尺寸和桩身力学性能

A.1 地基处理工程预制渣土固化桩桩身几何尺寸及力学性能应按表 A.1～表 A.2 取值。

表 A.1 预制渣土固化桩桩身几何尺寸

圆柱体预制渣土固化桩规格	直径 d/mm	单节桩长度 L/m
PSS(D)426	426	2.0～5.0
PSS(D)500	500	2.0～5.0
PSS(D)600	600	2.0～5.0
方柱体预制渣土固化桩规格	边长 b/mm	单节桩长度 L/m
PSS(B)400	400	2.0～5.0
PSS(B)460	460	2.0～5.0
PSS(B)500	500	2.0～5.0
PSS(B)600	600	2.0～5.0
注：桩长以 0.5 m 为级差。		

表 A.2 预制渣土固化桩桩身力学性能参数表

规格	型号	轴向抗压强度/MPa	抗压性能单桩抗压承载力特征值/kN	桩顶允许最大压桩力/kN	压缩模量/MPa	抗剪强度指标 c/kPa	φ/(°)	泊松比
PSS(D)426	A	5	321	570	200～250	1200～1600	29～32	0.27
	B	7.5	481	855	200～250	1600～2000	30～33	0.27
	C	10	641	1140	225～275	2000～2400	31～34	0.26
	D	12.5	802	1425	225～275	2400～2800	32～35	0.26
	E	15	962	1710	250～300	2800～3200	33～36	0.25
PSS(D)500	A	5	442	785	200～250	1200～1600	29～32	0.27
	B	7.5	663	1178	200～250	1600～2000	30～33	0.27
	C	10	884	1571	225～275	2000～2400	31～34	0.26
	D	12.5	1104	1963	225～275	2400～2800	32～35	0.26
	E	15	1325	2356	250～300	2800～3200	33～36	0.25

表 A.2 预制渣土固化桩桩身力学性能参数表(续)

规格	型号	轴向抗压强度/MPa	抗压性能单桩抗压承载力特征值/kN	桩顶允许最大压桩力/kN	压缩模量/MPa	抗剪强度指标 c/kPa	φ/(°)	泊松比
PSS(D)600	A	5	636	1131	200～250	1200～1600	29～32	0.27
	B	7.5	954	1696	200～250	1600～2000	30～33	0.27
	C	10	1272	2262	225～275	2000～2400	31～34	0.26
	D	12.5	1590	2827	225～275	2400～2800	32～35	0.26
	E	15	1909	3393	250～300	2800～3200	33～36	0.25
PSS(B)400	A	5	360	640	200～250	1200～1600	29～32	0.27
	B	7.5	540	960	200～250	1600～2000	30～33	0.27
	C	10	720	1280	225～275	2000～2400	31～34	0.26
	D	12.5	900	1600	225～275	2400～2800	32～35	0.26
	E	15	1080	1920	250～300	2800～3200	33～36	0.25
PSS(B)460	A	5	476	846	200～250	1200～1600	29～32	0.27
	B	7.5	714	1270	200～250	1600～2000	30～33	0.27
	C	10	952	1693	225～275	2000～2400	31～34	0.26
	D	12.5	1190	2116	225～275	2400～2800	32～35	0.26
	E	15	1428	2539	250～300	2800～3200	33～36	0.25
PSS(B)500	A	5	563	1000	200～250	1200～1600	29～32	0.27
	B	7.5	844	1500	200～250	1600～2000	30～33	0.27
	C	10	1125	2000	225～275	2000～2400	31～34	0.26
	D	12.5	1406	2500	225～275	2400～2800	32～35	0.26
	E	15	1688	3000	250～300	2800～3200	33～36	0.25
PSS(B)600	A	5	810	1440	200～250	1200～1600	29～32	0.27
	B	7.5	1215	2160	200～250	1600～2000	30～33	0.27
	C	10	1620	2880	225～275	2000～2400	31～34	0.26
	D	12.5	2025	3600	225～275	2400～2800	32～35	0.26
	E	15	2430	4320	250～300	2800～3200	33～36	0.25

附 录 B
（规范性）
预制渣土固化桩水稳定性试验要点

B.1 桩体水稳定性可用水稳定性系数表示。水稳定性系数为预制渣土固化桩桩身钻芯取样试块在浸水条件下的抗压强度与常规存放条件下的抗压强度之比。

B.2 随机选取常规养护龄期为 28 d 的预制渣土固化单节桩，从同节桩身钻芯采取 6 组截面直径 50 mm、高 100 mm 的圆柱体试块，每组试块数量应为 3 个，试块精度应符合 GB/T 50266 的规定，试块采取后应密封送至室内实验室。

B.3 将同节桩身采取的 6 组试块，3 组完全浸没条件存放于储水器皿中，3 组同温保湿存放，存放环境温度为 5 ℃～50 ℃，湿度不小于 80%，并应避免暴晒。

B.4 达到规定存放时长后，分别对浸水条件与常规存放条件下的试块进行单轴抗压强度试验，试验方法应符合 GB/T 50266 的规定，并按试块单轴抗压强度平均值计算水稳定性系数。